Anna-Lena Diez

Hochwasser und seine Schutzmaßnahmen. Das integrierte Rheinprogramm

GRIN Verlag

Anna-Lena Diez

Zwei-Fach-Bachelor Geographie/Biologie

5. Fachsemester

Westfälische Wilhelms-Universität Münster
Institut für Geographie

Hochwasser und seine Schutzmaßnahmen

Das integrierte Rheinprogramm

Seminar: Mensch-Umwelt-Beziehung am Beispiel der Aue
Modul: Regionale Geographie

Inhalt

Inhaltsverzeichnis I

Abkürzungsverzeichnis II

1. Einleitung **1**

2. Hochwasser **1**

2.1. Die Entstehung von oberflächlichem Abfluss 1

3. Hochwasserschutz **3**

3.1. Bedeutung der Retentionsräume im Hochwasserschutz 4

3.2. Ausbau von Siedlungen alternativ lenken 5

3.3. Beachtung von Neben- und Quellflüssen 6

4. Das integrierte Rheinprogramm **8**

4.1. Die Geschichte des Oberrheins und der Weg zum integrierten Rheinprogramms 8

4.2. Die Bedeutung der Aue 9

4.3. Festgelegte Maßnahmen 9

4.4. Kritik und Einsatz der Bürgerinitiativen 10

5. Fazit **13**

6. Literaturverzeichnis **16**

7. Anhang

8. Abbildungsverzeichnis

Abkürzungsverzeichnis

Abb.	Abbildung(en)
et al.	et alii (und andere)
etc.	et cetera
ff.	und fortfolgende Seiten
S.	Seite
vgl.	vergleiche
z.B.	zum Beispiel

1. Einleitung

Hochwasser oder Überflutungen sind natürliche Ereignisse, die im Jahreszeitlichen Abflussrhythmus ablaufen. Die Entstehung von Hochwasser hat unterschiedliche Ursachen, die oft von der Natur ausgehen, aber auch oft durch den Menschen beeinflusst wird. Entweder sind Überflutungen Folgen von langen, großflächigen Dauerregen oder kurzzeitiger, kräftiger Starkregenfälle. Überflutungen entstehen aufgrund dieser Niederschlagstypen und der nicht mehr vorhandenen Aufnahme des Bodens, da dieser gesättigt und versiegelt ist.

In der folgenden Ausführung gehe ich verstärkt auf den Hochwasserschutz am Beispiel des integrierten Rheinprogramms ein und erläutere dabei die Maßnahmen, Risiken und Probleme, die dieses Projekt mit sich bringen. Da ist die Veranschaulichung der Hochwasserentstehung notwendig.

2. Hochwasser

2.1. Die Entstehung von oberflächlichem Abfluss

Abbildung 1 (siehe Anhang) zeigt eine graphische Darstellung zur Entstehung von oberflächlichem Abfluss. Sobald der Regen auf die Erdoberfläche trifft, nimmt der Boden ein Teil dieses Wasers auf. Das aufgenommene Wasser wird daraufhin im Boden zwischengespeichert und dient fortan als Grundwasser. Das restliche Regenwasser fließt als Oberflächenabfluss in die Gewässer, wobei ein Anteil dabei verdunstet.

Die Erdoberfläche spielt bei der Aufnahme von Regenwasser eine große und entscheidende Rolle. Wie in Abbildung 2 (siehe Anhang) zu sehen, ist die Bebauung und Nutzung des Bodens ein ausschlaggebender Punkt. Sind am Boden mehr Pflanzen und/oder Bäumen zu finden, kann mehr Niederschlag verdunsten und der natürliche Rückhalt funktioniert besser. Im Gegenzug dazu versickert wenig bis kein Niederschlag bei landwirtschaftlich bebauten Flächen bzw. asphaltierten Straßen. Natürlich hängt die Abflussrate auch von der Menge des Niederschlags ab. „Die Art der Bodennutzung durch die Landwirtschaft, der Bewuchs und die Flächenversiegelung für Siedlungen und Verkehr sowie Entwässerungsanlagen (Dränagen, Kanalisationen) sind vor allem in kleinen Einzugsgebieten und bei kleinen Hochwassern relevante Faktoren, die Hochwasser verstärken können.“ (UMWELTBUNDESAMT FÜR MENSCH UND NATUR 2011,S. 21; Hochwasser. Verstehen, Erkennen, Handeln).

Der Verlust der natürlichen Retentionsräume ist ein weiterer Punkt zur Entstehung von oberflächlichem Abfluss. Dadurch, dass die natürlichen Retentionsräume (Auenlandschaften) sehr fruchtbaren Boden haben, wurde in der Vergangenheit immer weitere Eindeichungen vorgenommen, sodass diese Fläche für die Landwirtschaft genutzt werden konnten.

Aber auch die Schiffbarmachung der Flüsse ist ein entscheidender Faktor. Dadurch, dass die Flüsse immer weiter eingedeicht wurden und somit sich die Wassertiefe verändert hat, konnten auch Schwerlastschiffe die Flüsse passieren und daraufhin steigerte man den Ausbau des wirtschaftlichen Handels. Die Nutzung der Auenlandschaften ergab dabei des Weiteren, dass immer mehr Siedlungen in Wassernähe entstanden sind. Abbildung 3 (siehe Anhang) verdeutlicht diese Tatsache sehr gut. Diese zeigt, dass schon in frühen Jahren angefangen wurde, die Elbe immer weiter einzudeichen, um die fruchtbare Fläche zu nutzen. Diese Flächen stehen aber den Flüssen nicht mehr zu Verfügung, sobald der Fluss einen Überschuss an Wasser hat. Daher entstehen schwerwiegende Hochwasserereignisse (z.B. Hochwasserereignis 2004).

Aufgrund der Mehrbeanspruchung der Auenlandschaften von Menschen, steigt das Schadenpotenzial bei Hochwasserereignissen von Jahr zu Jahr an.

3. Hochwasserschutz

Um einen ausreichenden und nachhaltigen Hochwasserschutz zu planen und durchzuführen, müssen die Wasserwirtschaft, die Regionalplanung, der Naturschutz, die Land- und Forstwirtschaft und der Katastrophenschutz mit einbezogen werden. „Ein erfolgreiches Hochwasserrisikomanagement umfasst darüber hinaus das gesamte Einzugsgebiet eines Flusses unabhängig von administrativen Grenzen." (UMWELTBUNDESAMT FÜR MENSCH UND UMWELT 2011, S.37; Hochwasser. Verstehen, Erkennen, Handeln). Dies ist wichtig zu beachten, da sonst im Falle eines Hochwassers die Gefahr besteht, dass das Wasser an Orten mit gutem Hochwasserschutz vorbeigeleitet und an die Unterlieger[1] weitergegeben wird. Dadurch erhöht sich die Überschwemmungsgefahr bei den Unterliegern. Dabei wäre das Problem, dass das Hochwasser nur Verlagert wird und zwar in Richtung der Unterlieger. Daher ist es notwendig, dass grenzüberschreitende Maßnahmen ausgearbeitet werden, um jeden beteiligten miteinzubeziehen und bei drohender Gefahr zu beachten.

Die Verantwortlichkeit des Hochwasserschutzes ist in Deutschland einem föderal organisiertem Staat unterlegen, d.h. sie ist auf Bund und Länder verteilt. Dabei gibt der Bund durch Gesetzmäßigkeiten auf dem Gebiet der Wasserwirtschaft in Form von Gesetzesinitiativen einen gewissen Rahmen vor. Daraufhin erarbeiten die einzelnen Länder Details durch Gesetze und Verordnungen auf Landesebene. Somit gibt der Bund die Verantwortung an die 16 Bundesländer ab, die Strategien und Maßnahmen gegen Hochwasser erarbeiten. Die einzelnen Länder sind aber auch befähigt, einzelne Projekte an die Kommunen weiterzugeben. Dies ist von der Kompetenzverteilung abhängig.

Als Beispiel für den gesetzlichen Rahmen dient das Fünf-Punkte-Programm, das die Bundesregierung im September 2002 verabschiedete.

[1] Flussabwärts lebende Menschen bzw. vorkommende Siedlungen

Dieses Programm enthält wesentliche Punkte, die im folgenden verkürzt aufgelistet sind (vgl. UMWELTBUNDESAMT FÜR MENSCH UND UMWELT 2006, S. 20; Was Sie über vorbeugenden Hochwasserschutz wissen sollten):

a. mehr Raum für Flüsse, dezentralen Hochwasserrückhalt sowie eine gesteuerten Siedlungsentwicklung

b. Länderübergreifender Aktionspläne

c. Verstärkung der europäischen Zusammenarbeit trägt zur Solidarität zwischen den Ober- und Unterliegern bei

d. Überprüfung des Flussausbaus

e. Sofortmaßnahmen, wie die Bereitstellung von Geldern, den beschleunigten Ausbau der Koordinierungsstelle für großflächige Gefährdungslagen

Im Folgenden sind einige Punkte ausführlicher dargestellt.

3.1. Bedeutung der Retentionsräume im Hochwasserschutz

Retentionsräume und die damit verbundenen Auenlandschaften mussten in den vergangenen Jahren immer mehr dem menschlichen Nutzen weichen. Dadurch ist ein hoher Verlust von natürlichen Überschwemmungsgebieten zu verzeichnen. Dies bedeutet, dass bei bestehendem Hochwasser das Schadenpotenzial sehr hoch ist. Daher ist die Forderung des WHG[1] zur Hochwasserregelung „(...) mehr Raum, also größere Flächen für die Ausuferung von Flüssen bereitzustellen." (UMWELTBUNDESAMT FÜR MENSCH UND UMWELT 2011, S.39; Hochwasser. Verstehen, Erkenne, Handeln) sehr wichtig.

Die oben beschriebene Forderung kann man zum Beispiel mit einer konkreten Ausweisung von Überschwemmungsgebieten umsetzen. Dies hat zur Folge, dass diese Gebiete von bestimmten Nutzungen (z.B. Siedlungen, Landwirtschaft, etc.) freizuhalten sind. Als positive Folge der Freihaltung ist einerseits die Erhaltung von Retentionsräumen und andererseits die Renaturierung neuer Flächen zu nennen, aber auch das Schadenpotenzial bei

[1] Wasserhaushaltgesetz

Überschwemmungen wird verringert. Diese Folgen haben auch wiederum direkte Auswirkungen auf die Fauna und Flora der Aue. Dadurch können unterschiedliche Pflanzen- und Tierarten wieder angesiedelt werden.

Als Zusammenfassung kann man sagen, dass „Natürliche Überschwemmungsgebiete (...) an vielen Flüssen verloren gegangen sind. Noch vorhandene Überschwemmungsflächen zu erhalten oder zurückzugewinnen, verbessert die ökologische Funktion von Flüssen und reduziert die Schäden im Hochwasserfall. Nutzungsbeschränkungen in ausgewiesenen Überschwemmungsgebieten helfen dieses Ziel zu erreichen." (UMWELTBUNDESAMT FÜR MENSCH UND UMWELT 2011, S.40; Hochwasser. Verstehen, Erkennen, Handeln).

3.2. Ausbau von Siedlungen alternativ lenken

Um die Schäden, die bei bestehendem Hochwasser auftreten, zu verringern, muss ein Umdenken in der bestehenden Siedlungspolitik folgen. Auf der einen Seite muss bedacht werden, dass in festgeschriebenen Überschwemmungsgebieten keine neuen Baugebiete (Siedlung, Industriegebiet, etc.) ausgewiesen werden. Auch Ausnahmen müssen verringert werden. Ausnahmen, die bestimmte Voraussetzungen erfüllen, worden heutzutage noch genehmigt, was oft von den Bewohnern ausgeht, aber auch von der Industrie. Wenn man die Industrie am Wasser betrachtet, wird das ausweisungsverbot von neuen Industriegebieten deutlich. Oft werden umwelt- und gesundheitsgefährdende Stoffe aus Lagern, Tanks, Maschinen, etc. ungewollt freigesetzt. Aber auch die Explosionsgefahr durch Abkühlung von Anlage bei anhaltendem Hochwasser ist erhöht. Auf der anderen Seite muss die Bauvorsorge bei bereits bestehenden Siedlungen verstärkt werden, um Hochwasserschäden gering zu halten. Diese kann durch einfache Maßnahmen, wie in Abbildung 4 (siehe Anhang) gezeigt, erfolgen, um die Schäden zu minimieren.

Der größte Teil der Schäden, die durch Hochwasser in Siedlungen entstehen, werden durch Ölheizungen verursacht. „Vergangene Hochwasserereignisse haben gezeigt, dass bis zu 70% der Sachschäden an Gebäuden durch ausgetretenes Heizöl verursacht werden. In dieser Rechnung fehlen noch die durch austretendes Heizöl entstehenden Umweltschäden in den Gewässern und im Boden." (UMWELTBUNDESAMT FÜR MENSCH UND UMWELT 2006, S24 ff; Was Sie über vorsorgenden Hochwasserschutz wissen sollten). Als solches Beispiel dient das Pfingsthochwasser 1999. Hierbei trat das Heizöl in umliegende Flüsse, aber versickerte auch in den Boden von einer Fläche von 37 Hektar. Diesen Boden musste man entweder abtragen oder reinigen. Dieses Ereignis zeigt, dass das Umrüsten auf andere Heizungsanlagen der sicherste Weg im Bereich Hochwasserschutz ist.

Dies ist im WHG sowohl unter §78 Absatz 1 Nummer 1 („In festgesetzten Überschwemmungsgebieten ist untersagt: 1. die Ausweisung von neuen Baugebieten in Bauleitplänen oder sonstigen Satzungen nach dem Baugesetzbuch, ausgenommen Bauleitpläne für Häfen und Werften." (BUNDESMINISTERIUM FÜR JUSTIZ UND VERBRAUCHERSCHUTZ 2009, S.42; Gesetz zur Ordnung de Wasserhaushalts (Wasserhaushaltsgesetz – WHG))) als auch unter §78 Absatz 5 Nummer 5 („zum hochwasserangepassten Umgang mit wassergefährdenden Stoffen, einschließlich der hochwassersicheren Errichtung neuer und Nachrüstung vorhandener Heizölverbraucheranlagen sowie des Verbots der Errichtung neuer Heizölverbraucheranlagen." (BUNDESMINISTERIUM FÜR JUSTIZ UND VERBRAUCHERSCHUTZ 2009, S.43; Gesetz zur Ordnung des Wasserhaushalts (Wasserhaushaltsgesetz – WHG))) festgelegt.

3.3. Beachtung von Neben- und Quellflüssen

Die Hochwassergefahr steigt, sobald das Wasser, das nicht in den Boden versickert, in die Kanalisation oder in kleinere Bäche, Flüsse oder Seen direkt fließt. Um ein solches Ereignis zu vermieden, müssen Flächen geschaffen werden, die den Niederschlag zurückhalten. Um diese zu schaffen, müssen auch Nebenflüsse oder Quellflüssen beachtet werden, da diese oft in Vergessenheit treten und man selbst nur die großen Flussarme betrachtet. Dabei sollten auch Rückhaltebecken bzw. Überschwemmungsgebiete schon an kleineren Flüssen geschaffen werden. Wenn dies nicht bedacht wird, dann tritt an diesen Stellen das Wasser über die Ufer und schon kleine Wassermengen bedrohen Siedlungen.

Eine solche Hochwassergefährdung lässt sich durch verschiedene Techniken verringern bzw. verhindern. Als Beispiel dient das Mulden-Rigolen-System (MRS), das eine Kombination aus gedrosseltem Abfluss, Speicherung und Versickerung ist (siehe Abbildung 5 im Anhang). Dabei besteht das MRS aus verknüpften Mulden-Rigolen-Elementen[1]. Das Regenwasser fließt über versiegelte Flächen in die Mulden, wo es zwischengespeichert wird. Daraufhin versickert das Regenwasser bzw. das zwischengespeicherte Wasser durch den begrünten Boden in die unterirdische Kiesrigole. Aufgrund der Poren in der Kiesrigole wird das Wasser gespeichert und versickert weiter in den Unterboden, wobei dieser Vorgang langsam geschieht. Die Rigole besteht aus miteinander verbundenen Rohren, die auf der einen Seite der gleichmäßigen Füllung dienen, aber auch auf der anderen Seite das überschüssige Wasser, das nicht versickert langsam und zeitlich verzögert zum Gewässer (Bach, Fluss, See) leitet (vgl. Berliner Wasserbetriebe 2012, Regelblatt 600, S. 2).

Gerade das Mulden-Rigolen-System als Beispiel einer Maßnahme ist notwendig, da immer mehr Flächen in Deutschland versiegelt werden. Betrachtet man die Jahre 2000 bis 2004 haben die Siedlungs- und Verkehrsflächen in Deutschland um insgesamt um 1682 km^2 zugenommen (vgl. Umweltbundesamt 2006, S. 28).

[1]Ein Mulden-Rigolen-Element besteht aus einer mit begrüntem Oberboden Mulde und einer unterirdischen Kiesrigole

4. Das integrierte Rheinprogramm

4.1. Die Geschichte des Oberrheins und der Weg zum integrierten Rheinprogramms (vgl. Regierungspräsidium Freiburg; Der Weg zum IRP)

1919 erhält Frankreich durch den unterzeichneten Versailler Vertrag das Recht, Energie aufgrund der Wasserkraft des Rheins zu gewinnen. Somit begann neun Jahr später der Ausbau des Oberrheins zwischen Basel und Iffezheim. Man baute zehn Staustufen[1] in den Rheinlauf. Durch den Bau der Staustufen ist ein Großteil der bestehenden Auen verloren gegangen. Dies hatte direkte Auswirkungen auf das Hochwassergeschehen, da die Hochwassergefahr sich ab Iffezheim stark erhöhte. In den Jahren zwischen 1968 und 1978 wurde die internationale Hochwasserstudienkommission für den Rhein gebildet. Diese untersuchte die Auswirkungen des Oberrheinsausbaus und kamen zum Ergebnis, dass es notwendig sei, die Hochwassersicherheit wiederherzustellen. Daraufhin folgte 1982 die deutsch-französische Vereinbarung über den Ausbau des Rheins und der damit verbundenen Maßnahmen zum Erhalt der Hochwassersicherheit. Die Landesregierung brachte 1988 den Beschluss zur Entwicklung des Rahmenkonzeptes für das integrierte Rheinprogramm auf den Weg. Dabei wurde sichtbar, dass die festgelegten Standorte, die in der deutsch-französischen Vereinbarung vorgesehen waren, nicht ausreichen, um die ökologischen Belange zu erfüllen. Daher sollte das Umweltministerium im Auftrag der Landesregierung Baden-Württemberg ein Rahmenkonzept erstellen. Dieses wurde 1996 von der Landesregierung bestätigt, das folgende Ziele formulierte: Wiederherstellung des Hochwasserschutzes wie er vor dem Oberrheinausbau bestand und die Renaturierung der Oberrheinaue. Dabei wurden 13 Standorte im integrierten Rheinprogramm festgelegt (siehe Abbildung 6 im Anhang).

[1] Eine Staustufe ist eine Anlage zum Aufstauen eines Flusses, um den Wasserstand flussaufwärts und flussabwärts zu regeln. Dadurch wird eine größere Fahrwassertiefe für Schiffe erreicht. (vgl. fremdwort.de; Staustufe; online unter http://www.fremdwort.de/suchen/bedeutung/Staustufe (zuletzt abgerufen am 31.03.2014)

4.2. Die Bedeutung der Aue

Die Aue ist einer der produktivsten Räume für die biologische Vielfalt. Durch die Versiegelungen und auch Inanspruchnahme des Menschen, ist dieses Verhältnis aber gestört. Dies hat zur Folge, dass nicht mehr genügend Überschwemmungsflächen bei bestehendem Hochwasser zur Verfügung stehen. Auch die Biodiversität und Artenvielfalt von Fauna und Flora leidet sehr stark darunter. Da die lebendige Aue von der natürlichen Dynamik von Wassermangel und Überflutung lebt, an die sich die Fauna und Flora angepasst haben.

4.3. Festgelegte Maßnahmen des IRPs

Um das integrierte Rheinprogramm mit seinen festgelegten Zielen zu erfüllen, sind bestimmte Maßnahmen erforderlich. Um die Auen entlang des Rheins zu revitalisieren werden sogenannte Polder[1] geschaffen. Auch noch bestehende Dämme entlang des Rheins werden zurückverlegt, um natürliche Überflutungsflächen zu schaffen. Dies bedeutet, dass der Rhein bei einem Hochwasserereignis, aber auch wenn er mehr Wasser führt, über die Ufer treten kann und so natürliche Fläche flutet anstatt Siedlungen oder ähnliches.

Polder werden durch Einlassbauwerke geflutet, dabei wird dieser Vorgang „...so gesteuert, dass Rheinwasser den Polder in ständiger Bewegung durchfließt und zeitlich verzögert durch das Auslassbauwerk wieder zurück in den Rhein strömt.“ (MINISTERIUM FÜR VERKEHR UND INFRASTRUKTUR, o.J.; Oberrhein: Integriertes Rheinprogramm; online abrufbar unter: http://www2.mvi.baden-wuerttemberg.de/servlet/is/103920/ ; zuletzt online 31.03.2014). Als Beispiel für einen solchen Polder dient die Rheinschanzinsel bei Philippsburg. Dabei stellt ein solches Gebiet einen wesentlichen Lebensraum für Pflanzen und Tiere, die evtl. unter gewisser Bedrohung leben. Aber auch die Anpassung anderer Pflanzen- und Tierarten werden an die Überflutungsverhältnisse angepasst.

Bis 2006 waren drei Rückhalteräume auf baden-württembergischer Seite fertiggestellt. Diese Rückhalteräume umfassen ein Volumen von rund 67 Mil-

[1] eingedeichte Rückhalteflächen, die bei Bedarf geflutet werden können

lionen Kubikmeter (vgl. LANDTAG VON BADEN-WÜRTTEMBERG 2006; Antrag der Abg. Gunter Kaufmann u.a. SPD und Stellungnahme des Umweltministeriums; Integriertes Rheinprogramm (IRP) – Planungskosten und Baumaßnahmen in 2007 und 2008; online abrufbar unter: http://www9.landtag-bw.de/WP14/Drucksachen/0000/14_0715_D.PDF zuletzt online 31.03.2014).

4.4. Kritik und Einsatz der Bürgerinitiativen

Um die Kritik um das integrierte Rheinprogramm zu verdeutlichen, haben sich verschiedene Bürgerinitiativen gegründet, die gegen das oben beschriebene Programm sind und starke Kritik äußern. Diese Bürgerinitiativen sind gut organisierte eingetragene Vereine, die durch verbale Konfrontation das Gespräch mit den Verantwortlichen suchen. Als Beispiel einer solchen Bürgerinitiative wird hier die Bürgerinitiative Breisach-Burkheim e.V. beschrieben.

Die Bürgerinitiative Breisach-Burkheim e.V. setzt sich für einen sinnvollen Hochwasserschutz ein, der dynamische Fließgewässer mit einbezieht, um die Auenlandschaft zu erhalten. Sie sind nicht generell gegen die Schaffung von Rückhalteräumen, sondern mit den Maßnahmen, wie diese Rückhalteräume geschaffen werden sollen, sind sie nicht einverstanden.

Das bezieht folgende Ziele mit ein: (BÜRGERINITIATIVE BREISACH-BURKHEIM, o.J.; Über uns und unsere Ziele; online abrufbar unter: http://www.buergerinitiative-breisach-burkheim.de/text/7/de/jump,7/ziele.html zuletzt online 31.03.2014):

- Anstelle von ständigen künstlichen Flutungen, eine ökologische Schlutenlösung durch Öffnung von Altrheinarmen und Schluten, damit eine Fließdynamik entsteht (zweites Taubergießen).
- Erhaltung des wertvollen, klimatisch wichtigen Waldbestandes in seiner Artenvielfalt.
- Keine Querdämme oder sonstige Bauwerke, die stehende Gewässer erzeugen.

- Prüfung von Alternativen für einen besseren, verträglichen und dauerhaften Hochwasserschutz ohne Zerstörung der Natur.
- Erhaltung des Naherholungsgebietes für die Bevölkerung und für den Tourismus in unserem Raum schafft.
- Vermeidung des Grundwasseranstieges und damit zu erwartende Schäden an Gebäuden, landwirtschaftlichen Flächen und am Sport- und Freizeitgelände.
- Vermeidung einer Gesundheitsgefährdung durch subtropisches Klima und einer Schnaken- und Mückenplage.
- Es gilt das Verursacherprinzip: Alle Kosten die zur Vermeidung einer Schädigung und Wiederherstellung des Zustandes vor den Flutungen entstehen, sind vom Verursacher zu tragen. Insbesondere z.B. Schäden an Gebäuden, am Wald, am Straßen- und Wegenetz, Säuberung nach Überflutungen, Nutzungseinschränkung etc.

Sie fordern zwar einen ausgewählten und auf ihre Region passenden Hochwasserschutz, aber unter bestimmten Voraussetzungen, wie z.B. Naherholungsgebiete schützen, Schnaken- und Mückenplage zu verringern, keine weiteren Einschränkungen bzgl. des Tourismus.

Aufgrund der Bürgerinitiative konnte das Landratsamt Breisgau-Hochschwarzwald das Planungsverfahren noch nicht eröffnen. Zur Zeit prüft und überarbeitet das Regierungspräsidium die Planungsunterlagen, da die Bürgerinitiative nachfolgend Forderungen erhoben haben. Diese Forderungen lehnen sich an die oben genannten Ziele, aber sind nochmals spezialisierter worden. Im Folgenden sind diese Forderungen aufgeführt (BÜRGERINITIATIVE BREISACH-BURKHEIM, o.J.; Über uns und unsere Ziele; online abrufbar unter: http://www.buergerinitiative-breisach-burkheim.de/text/7/de/jump,7/ziele.html zuletzt abgerufen 31.03.2014):

- Einrichtung eines "Fließpolders", es darf kein Staupolder entstehen.
- Das Reglement der sog. "ökologischen Flutungen" ist zu ersetzen durch eine erweiterte ökologische Schlutenlösung mit Revitalisierung des Rückhalteraumes.

- Herstellung von Fließverhältnissen im Rückhalteraum ähnlich Taubergießen.
- Schutz der Quelltöpfe und Giessen.
- Der geplante Querriegel / Querdamm muss entfallen, damit eine gigantische Zerstörung der Natur im Rheinwald von ca 5 ha verhindert wird und dass es zu keiner größeren Stauhaltung im südlichen Rückhalteraum kommt.
- Die Verlegung des Sportgeländes in Burkheim muss für den Verein und die Stadt Vogtsburg finanziell verträglich sein.
- Die Belange aller Vereine im Rückhalteraum sind angemessen zu berücksichtigen und gegebenenfalls zu entschädigen.
- n Burkheim müssen die tiefer gelegenen Ortsteile durch genügend Grundwasserbrunnen gegen Grundwasseranstieg geschützt werden.
- Ausreichender Schutz der landwirtschaftlichen Flächen außerhalb des Rückhalteraumes gegen Grundwasseranstieg muss gewährleistet sein.
- Beim Bau des Rückhalteraumes ist auf die Belange des Tourismus, der Naherholung und der Landwirtschaft Rücksicht zu nehmen.
- Zufahrts- und Baustraßen zu den notwendigen Bauwerken müssen verträglich eingerichtet werden, z.B. keine übermäßige Behinderung für die Landwirtschaft und den Tourismus.

Zusätzlich fordert die Bürgerinitiative, dass die französische Seite bei gewissen Baumaßnahmen sowohl finanziell als auch planungstechnisch mit einbezogen werden soll.

Die Regierung, aber auch das Planungsbüro begrüßen einerseits den Einsatz der Bürgerinitiative, da sie sich für die umlegende Bevölkerung einsetzen, aber auf der anderen Seite machen sie es oft sehr schwer gültige Beschlüsse zu verabschieden, da die Bürgerinitiative oft durch Unterschriftensammlung diese rechtmäßig verhindern.

Am 05.02.2014 übergaben die Mitglieder der Bürgerinitiative Breisach-Burkheim der Regierungspräsidentin Bärbel Schäfer einen Kompromissentwurf mit 3000 Unterschriften.

Lieder ist es nicht bekannt, seit wann die Bürgerinitiative einen solchen „stillen“ Protest durchführt, aber man kann sagen, dass dieser sehr wirksam ist. Es werden viele BürgerInnen angesprochen, u.a. durch regelmäßige Videobeitrage auf der Homepage. Außerdem sind einige Mitglieder Biologen oder auch Geographen, die sich auf das Gebiet der Auenrevitalisierung und der Schlutenrevitalisierung spezialisiert haben.

5. Fazit

Zusammenfassend kann man sagen, dass Hochwasser zwar natürliche Ereignisse im jahreszeitlichen Rhythmus sind, aber diese durch den Menschen verstärkt werden. Das bedeutet, dass durch immer mehr Eindeichungen mehr Land in Anspruch genommen wurde und wird. Sei es für landwirtschaftliche Zwecke oder für den Siedlungsbau. Aber auch die Schiffbarmachung ist einer der Gründe, warum Hochwasser vermehrt auftritt, da der Fluss durch eine solche Eindeichung zwar tiefer wird und somit auch Schwerlastschiffe diesen Fluss passieren können, aber es erhöht sich auch die Flussrate, da der Fluss schmaler wird (vergleichbar mit einem Gartenschlauch).

Wie in Kapitel 2 beschrieben, kommt es durch Verdichtungen des Bodens (Verkehrswege, Landwirtschaft, etc.) zur erhöhten Abflussrate über den Bo den, da das Wasser keine Möglichkeit hat in den Boden zu versickern. Dies wird durch den Verlust von Rückhaltebecken an den kleinsten Bächen begünstigt.

Um einen wirksamen Hochwasserschutz durchzuführen, müssen wie in Kapitel 3 beschrieben die verschiedenen Behörden zusammen arbeiten. Aber auch der Bund ist gefordert, um den gesetzlichen Rahmen für die einzelnen Länder und Kommunen festzulegen. Dabei ist es wichtig, dass die Wasserwirtschaft, die Regionalplanung, der Naturschutz, die Land- und Forstwirtschaft und der Katastrophenschutz in diese Planung miteinbezogen werden. Dabei ist zwar der Einsatz von technischem Hochwasserschutz sehr sinnvoll, aber nicht auf Dauer effektiv. Da man zu jeder Zeit damit rechnen muss, dass ein Deich oder Damm bricht und dies verheerende Folgen mit sich bringt. Das bisher wirksamste Mittel ist das Schaffen von Retentionsräumen bzw. die Revitalisierung der Auelandschaft, die oft zu landwirtschaftlichen

Zwecken genutzt wurden. Das bedeutet für den Fluss, dass notwendige Flächen zur Überschwemmung wieder zur Verfügung stehen und sich dadurch die Hochwassergefahr für den Menschen verringert. Durch die Überschwemmung der Auenlandschaften wird die Flussrate verringert. Das bedeutet, dass der Fluss mit einer geringeren Geschwindigkeit fließt. Auch für die Fauna und Flora sind diese regelmäßigen Flutungen notwendig, da sie sich an den Wechsel von Trockenheit und Flutung angepasst haben. Auch der Siedlungsbau muss sinnvoll und durch einen gesetzlichen Rahmen beschränkt werden. Das soll heißen, dass neue Siedlungen nicht mehr direkt am Wasser entstehen und geplant werden dürfen. Zwar hat dies einen hohen Stellenwert und viele BürgerInnen wollen immer näher ans Wasser, da dies auch einen gewissen Naherholungswert mit sich bringt, aber dadurch steigt auch die Hochwassergefahr und das Schadenpotenzial. Natürlich kann man die Siedlungen, die heutzutage bestehen nicht umsiedeln, aber diese Siedlungen müssen besondere Baumaßnahmen zum Zweck des Hochwasserschutzes durchführen (z.B. Hochlagern von Geräten, etc.). Auch den Einsatz von Ölheizungen sollte man bedecken, da diese den größten und nachhaltigsten Schaden bei Hochwasser anrichten.

Das integrierte Rheinprogramm, wie in Kapitel 4 beschrieben, stellt ein weitreichendes und länderübergreifendes Programm zum Hochwasserschutz dar. Nicht nur die BürgerInnen Deutschlands sind betroffen, sondern auch die BürgerInnen in Frankreich, die unmittelbar in Rheinnähe wohnen. Dabei sollen die schon bestehenden Auenlandschaften wieder revitalisiert werden. Der Rhein nutzte vor dem Staustufenbau diese Gebiete, um das „überschüssige“ Wasser in der Fläche zu verteilen. Aber durch den Bau von Staustufen ging ein Großteil der Auen verloren, sodass der Rhein keine Möglichkeit mehr hatte die Auenlandschaften zu fluten. Dies war ein Verlust für den Rhein, aber ein Gewinn für die Menschen, da sie nun diese Flächen zu ihren Zwecken und auch die Energie aus dem Fluss nutzen konnten. Aufgrund der vermehrten Hochwassergeschehen in Siedlungen entlang des Rheins, wurde 1982 eine deutsch-französische Vereinbarung über den Ausbau des Rheins und der damit verbundenen Maßnahmen zum Erhalt der Hochwassersicherheit beschlossen. Mit der Umsetzung des integrierten Rheinprogramms sind aber einige angrenzende BürgerInnen nicht einverstanden. So sollen die dynamischen Fließgewässer miteinbezogen werden und anstelle von ständigen künstlichen Flutungen, eine ökologische Schlutenlösung durch Öffnung von Altrheinarmen und Schluten geschaffen werden (vgl. BÜRGERINITIATIVE BREISACH-BURKHEIM, Über uns und unsere Ziele).

Abschließend ist zu sagen, dass Hochwasserschutz hohe Priorität heutzutage hat, da Hochwasser zu jeder Zeit aktuell ist. Es müssen nicht immer große Ereignisse sein, die verdeutlichen, was Wasser selbst für eine Kraft hat und welche verheerende Folgen entstehen können, sondern es reichen schon kleine Überschwemmungen in kleinen Siedlungen, die dies zeigen. Um eine wirksamen Hochwasserschutz durchzuführen, muss das Hochwasserbewusstsein der Menschen und der BürgerInnen an den Flüssen verstärkt werden. Zwar liegt die Planung, die Maßnahmendurchführung und die Schaffung eines gesetzlichen Rahmens in den Händen der Politik, aber auch in den Händen der BürgerInnen, die die Planung und die Maßnahmendurchführung sowohl positiv als auch negativ beeinflussen können. Hochwasser ist ein natürliches Ereignis, das aber heutzutage durch den Menschen erheblich verstärkt wird (durch Siedlungsbau, weitere Bodenverdichtungen, etc.) und sich somit das Schadenpotenzial erhöht.

6. Literaturverzeichnis

BUND FÜR UMWELT UND NATURSCHUTZ DEUTSCHLAND e.V. (BUND) (2002): Ökologischer Hochwasserschutz – Raum für naturnahe Gewässer, Auen und Feuchtgebiete – Schutz für den Menschen

BUNDESAMT FÜR BEVÖLKERUNGSSCHUTZ UND KATASTROPHENHILFE – AKADEMIE FÜR KRISENMANAGMENT, NOTFALLPLANUNG UND ZIVILSCHUTZ (AKNZ) (2005): Problemstudie. Risiken in Deutschland Teil 1, Bad Neuenahr-Arhweiler

HORNEMANN et al., Umweltbundesamt für Mensch und Umwelt (2006): Was Sie über vorsorgenden Hochwasserschutz wissen sollten, Dessau

BAUMGARTEN et al., Umweltbundesamt für Mensch und Umwelt (2011): Hochwasser verstehen, erkennen, handeln!, Dessau-Roßlau

LANDESVERBÄNDE BADEN-WÜRTTEMBERG, BAYERN, HESSEN, NORDRHEIN-WESTFALEN, RHEINLANDPFALZ DES BUND FÜR UMWELT UND NATURSCHUTZ DEUTSCHLAND (BUND) UND ALSACE NATURE (o.J.): Hohcwasserrückhalt durch Auenrevitalisierung – Mit Deichrückverlegungen und Auenrevitalisierungen zu mehr Hochwasserschutz an Rhein und Main, Freiburg

BÜRGERINITIATIVE FÜR EINE VERTRÄGLICHE RETENTION-BREISACH/BURKHEIM e.V. (o.J.) online unter: http://www.buergerinitiative-breisach-burkheim.de/startseite/1/de/startseite.html (zuletzt abgerufen am 31.03.14)

REGIERUNGSPRÄSIDIUM FREIBURG (o.J.): Der Weg zum IRP, Freiburg online unter : http://www.rp.baden-wuerttemberg.de/servlet/PB/menu/1191692/index.html (zuletzt abgerufen am 31.03.14)

7. Anhang

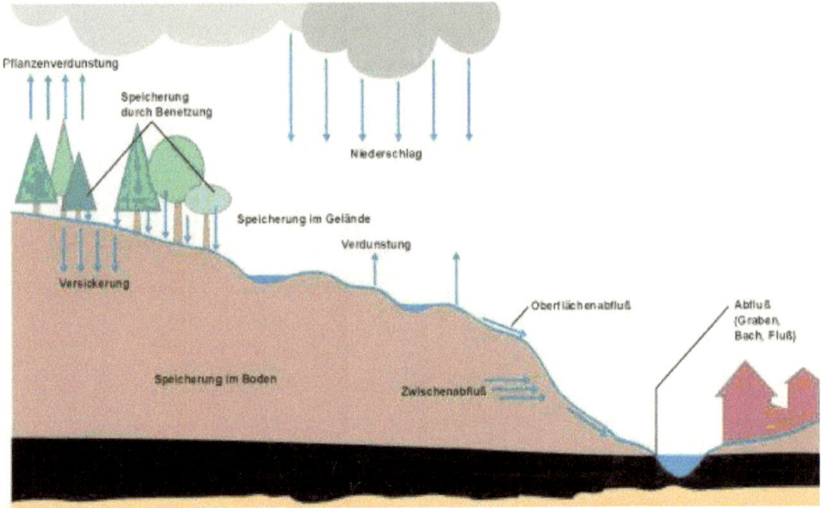

Abb. 1 Die Entstehung von oberflächlichem Abfluss

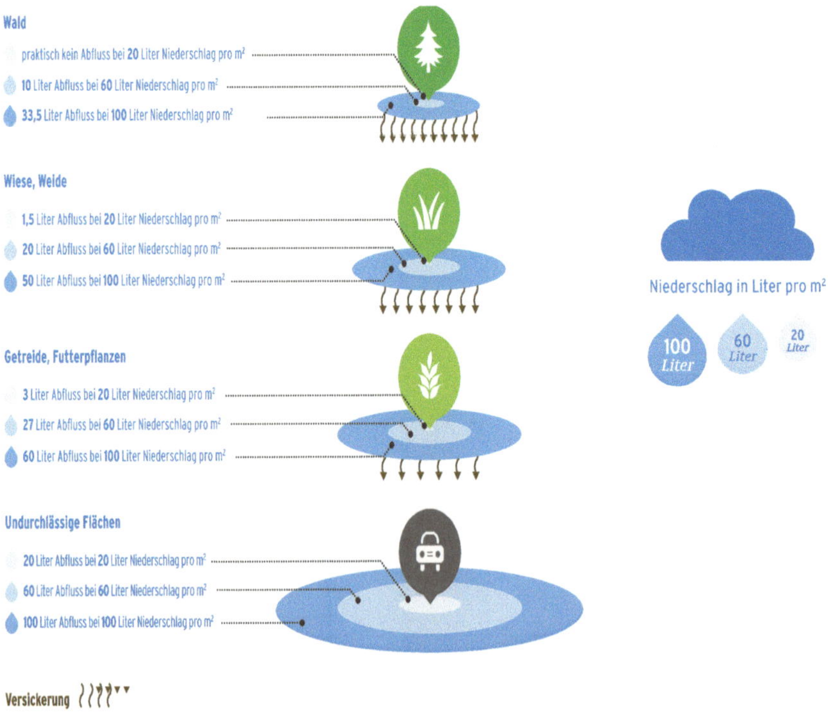

Abb. 2 Versickerungsrate in Abhängigkeit der Niederschlagsmenge

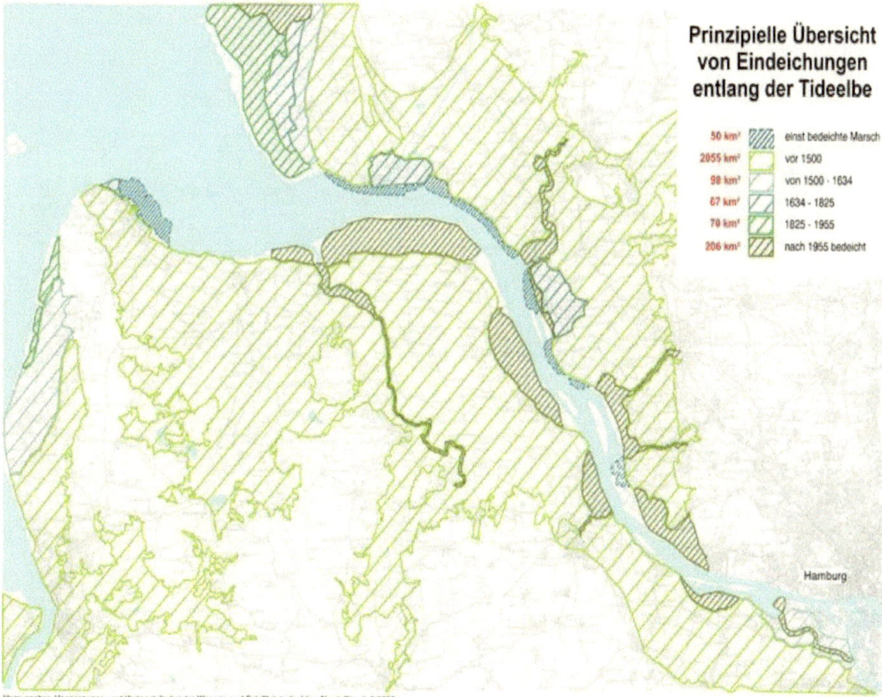

Herausgeber: Vermessungs- und Kartenstelle bei der Wasser- und Schifffahrtsdirektion Nord, Stand: 6/2006

Abb. 3 Eindeichung entlang der Tideelbe

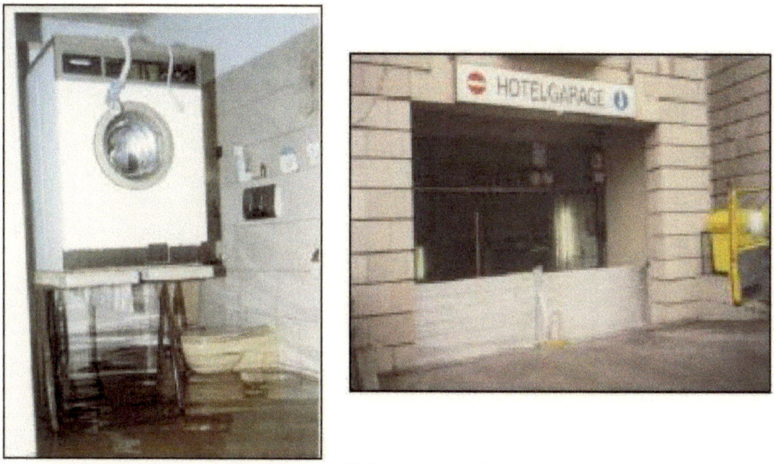

Abb. 4 Hochlagern von Geräten und Einsatz von Dammbalken

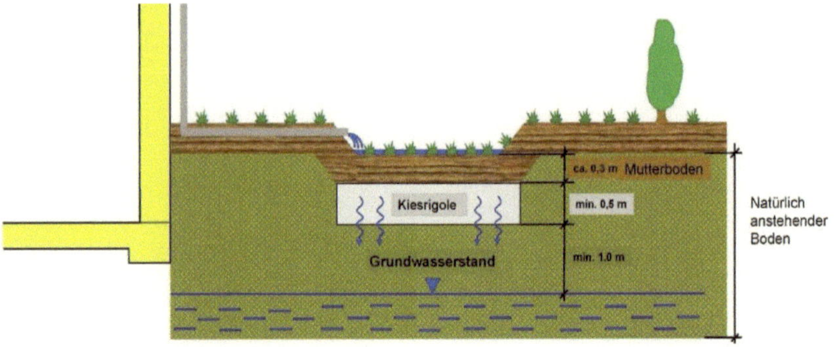

Abb. 5 Mulden-Rigolen-System

Abb. 6 13 Festgelegte Standorte im integrierten Rheinprogramm

8. Abbildungsverzeichnis

HORNEMANN et al., Umweltbundesamt für Mensch und Umwelt (2006): Was Sie über vorsorgenden Hochwasserschutz wissen sollten, Dessau (Abb.1 und Abb. 4)

BAUMGARTEN et al., Umweltbundesamt für Mensch und Umwelt (2011): Hochwasser verstehen, erkennen, handeln!, Dessau-Roßlau
(Abb. 2)

REGIERUNGSPRÄSIDIUM FREIBURG (o.J.): Rückhalteräume, Freiburg online unter :
http://www.rp.baden-wuerttemberg.de/servlet/PB/menu/1188099/index.html
(zuletzt abgerufen am 31.03.14)
(Abb. 6)

KREIS PADERBORN (o.J.): Versickerung von Niederschlagswasser (Regenwasser) in das Grundwasser, Paderborn online unter: http://www.kreis-paderborn.de/kreis_paderborn/aemter/66/sg-3-1-grundwasser/img/06_muldenrigolenversickerung.gif (zuletzt abgerufen am 31.03.14)
(Abb. 5)

TIDEELBE DER STORM DER UNS BEWEGT (o.J.) online unter: http://www.tideelbe.de/16-0-Anthropogene-Eingriffe.html (zuletzt abgerufen am 31.03.14)
(Abb. 3)

Bibliografische Information der Deutschen Nationalbibliothek:

Die Deutsche Bibliothek verzeichnet diese Publikation in der Deutschen Nationalbibliografie; detaillierte bibliografische Daten sind im Internet über http://dnb.d-nb.de/ abrufbar.

Impressum:

Druck und Bindung: Books on Demand GmbH, Norderstedt Germany
ISBN: 9783668617001